边看边学50

轻松开发大脑思维
逆商的全面提升从此开始

独到点拨我的第一本
逆商提升书

《青少年成长智慧库》编委会　编著

天津出版传媒集团

天津科技翻译出版有限公司

图书在版编目（CIP）数据

独到点拨我的第一本逆商提升书 /《青少年成长智慧库》编委会编著 .— 天津 : 天津科技翻译出版有限公司 ,2012.9（2021.7 重印）

（边看边学 5Q）

ISBN 978-7-5433-3062-7

Ⅰ . ①独… Ⅱ . ①青… Ⅲ . ①成功心理－青年读物②成功心理－少年读物 Ⅳ . ① B848.4-49

中国版本图书馆 CIP 数据核字 (2012) 第 201909 号

出　　版：天津科技翻译出版有限公司
出 版 人：刘子媛
地　　址：天津市南开区白堤路 244 号
邮　　编：300192
电　　话：（022）87894896
传　　真：（022）87895650
网　　址：www.tsttpc.com
印　　刷：天津画中画印刷有限公司
发　　行：全国新华书店
版本记录：889 × 1194mm　16 开本　8 印张　180 千字
2012 年 9 月第 1 版　2021 年 7 月第 2 次印刷
定　价：36.00 元

推荐序

每个人都有与生俱来的潜能，这些潜能是否能被充分运用、发挥，要看是否能被完整地开发，而开发的关键点则是从小开始。

本书包含了从提升认识力开始，一直到提升处理力，共分为六章来做系统化的训练，分别是“第一章提升认识力”、“第二章提升自信力”、“第三章提升处理力”、“第四章提升意志力”、“第五章提升耐挫力”、“第六章提升合作力”。每章都与孩子的成长息息相关，旨在让孩子们真正掌握提升逆商的秘诀及方法，并附上练习题目，让小朋友们可以按部就班、一步一步按照简单易懂的说明，加上趣味性的练习，自然而然地激发潜能。相信本书的出版，一定会对小朋友们提升逆商有所启发。

珍惜自己与生俱来的天赋，让它得到最妥善的发挥，不管是在学习上还是人生发展上，都将会有很大的帮助。希望小朋友们都能从书中得到一些属于自己的启发与帮助。

序言

你一定听说过一句老话：自古英雄多磨难，从来纨绔少伟男。知道这是为什么？因为英雄的逆商都很高，换句话说，也就是对抗磨难的能力成就了一位英雄。可你知道吗，如果你不努力开发自己的潜能，你就不能像英雄一样征服磨难。所以，你要努力开发你这方面的潜能，它不但会成就你的英雄梦想，还能让你获得比一般人更多的幸福。

一般而言，小朋友在9岁的时候，逆商大概发展到80%左右；到了12岁的时候，大概已经发展到93%了。因此，若不在小学毕业以前开发你的逆商，以后就很难开发这种潜能。有的小朋友可能会心存疑惑：这个年龄段的我们正是处在无忧无虑的童年，哪有什么机会来提升逆商呢？

不要着急，提升逆商并不是像你想象的那样：只有身处逆境才可以提高对抗逆境的能力！读过本书你就会发现，逆商是一种强者生存的能力，无论是在顺境还是在逆境，一个人的逆商潜能会时时伴随着他。本书提供的方法，可以让你在12岁之前无论是身处什么环境都可以提高逆商。

快快行动吧，未来的小英雄。

第一章 提升认识力

第二章 提升自信力

第三章 提升处理力

第四章 提升意志力

第五章 提升耐挫力

第六章 提升合作力

第一章

提升认识力

逆境是成功者的财富，更是一所成功大学。对于那些在困难面前低头的人，逆境也是最好的借口。人生就是这样，总是会遇到意想不到的困难，小朋友们也不例外。因此小朋友能不能突破逆境，在很大程度上决定了你的成败；而你对逆境是否有正确的认识，就成为了你突破逆境的关键。

培养自己的独立精神

有一个叫屠格涅夫的俄国著名文学家曾经说过：“你想成为幸福的人吗？但愿你首先学会吃得起苦。”

小朋友，你能明白这其中的道理吗？想必很多小朋友还都不曾经历过风吹雨打，成长的环境如同温室，父母把我们的一切安排得妥妥当当，而我们也已经习惯了有人照顾、有人爱护的日子。这样娇惯的结果是，当我们长大后，对挫折一点儿免疫力都没有，这样的人很难成就大事，也很难获得快乐。

我们一同来看看国外小朋友是怎样成长的：

美国：在美国的南部一些州立学校特别规定：“学生不带一分钱，必须独立谋生一星期才能予以毕业。”通过这种吃苦训练来培养学生的独立生存能力，条件看似苛刻，但学生们却受益匪浅。

德国：德国的相关法律规定，孩子到 14 岁就要在家里承担一些家务劳动，比如打扫卫生等。这样做，不仅可以培养孩子的劳动意识，还培养了孩子的吃苦精神和社会责任感。

瑞士：一些瑞士的孩子在中学毕业后，就去有教养的人家当一年的佣人，上午帮工，下午上学。这样做一方面可以锻炼劳动能力、吃苦精神，另一方面还有利于学习语言。因为在瑞士有两个语言区——德语区和法语区，所以一个语言区的孩子通常到另一个语言区的人家当佣人。

日本：在日本，一些孩子从小就树立了一种意识：“除了阳光和空气是大自然的赐予外，其他的一切都要通过劳动获得。”因此，在日本很多中小学生在课余时间都出去劳动赚钱，勤工俭学的大学生更是非常普遍——他们通过在饭店做服务生、在商店做售货员、做家教等工作来赚取学费。

当你看到别的国家的小朋友是这样长大的，你有没有感觉在同样的年龄里，他们比我们做了很多的事呢？以上都是发达国家的小朋友的成长经验，我们作为发展中国家的未来希望，一定要迎头赶上。

许自己一个未来的期望

一天，乔丹正在参加一场篮球比赛。上半场结束，两队球员中场休息，这时一位当时著名的篮球教练指着乔丹说：“我看，这个孩子日后要成为咱们美国最棒的运动员哩！”

小乔丹把这位教练的话深深地埋在了心里。

在以后的日子里，他只要遇到困难总是用那位教练的话来激励自己。经过努力，乔丹终于取得了一个篮球运动员所有的荣誉：一个集优雅、力量、艺术、即兴能力于一身的卓越运动员，并重新定义了NBA超级明星的含义，他是公认的全世界最棒的篮球运动员，不仅仅在他所处的那个时代，而且在整个NBA历史上，乔丹都是最棒的。

一次，已经率队得过无数次冠军的乔丹找到了那位教练问："教练，那时您怎么知道我会是美国最棒的篮球运动员呢？"听了乔丹的话，那位教练丈二和尚摸不着头脑。等乔丹叙述完事情的原委，教练却告诉他，那时他指的孩子不是乔丹，而是另一个站在他身边的男孩。

原来，在我们的内心里，每一个人都有一个不愿意让别人的期待落空的愿望，也不愿意放弃内心深处对自己的期望。那么，你能把蕴藏在你身上的潜能发挥到什么样的水平呢？许自己一个未来的期望怎么样？比如说"我日后肯定会成为一个什么样的人"之类的预言。

许自己一个未来的期望

(NO.1) 我日后肯定会成为一个优秀运动员：为了这个期望，我在小学的时候就应该有意识地向这个方面发展。如果想成为一名职业运动员，除了有一技之长之外，还要付出辛勤的汗水以及具备出众的耐力和极强的获胜欲。

(NO.2) 我日后肯定会成为一名一线记者：为了这个期望，我必须找到我所擅长的领域，如体育、政治、健康、教育等。这个职位还要求我能巧妙地提出一些有利于别人回答的问题。

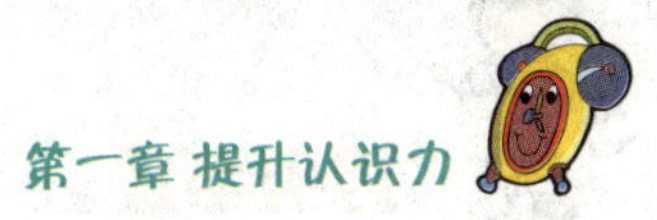

认识逆境的意义

一个人的成长过程就像一棵树一样，总有风雨的陪伴，也会有枝枝丫丫的烦恼。

如果一个人很脆弱，不敢面对逆境，他就会畏缩着不再生长；而如果他坚强、勇敢，他就无畏暴风雨的侵袭，在风雨中、阳光下，成长得越来越茁壮。

谁都不可避免陷入困境，包括小朋友们，问题是，陷入困境的时候，用怎样的心情去面对。快乐是人们最宝贵的财富和能力，它能使人们勇敢地去面对逆境，并战胜逆境所带来的痛苦。

冷静下来想一想，有谁不是在欢乐中承受着痛苦，又在痛苦中寻找快乐

呢？有谁不是一边受伤，一边学会坚强呢？

法国前总统戴高乐曾说："困难，特别吸引坚强的人。因为他只有在拥抱困难时，才会真正认识自己。"

小朋友们要明白，遭遇逆境，更能锻炼自己的意志，更能让我们明白感恩和惜福，所以，身处逆境，我们不要悲观失望，也不要灰心丧气，把逆境当做一种机遇，养成不畏惧苦难的品格。

逆境的意义

意义 1：逆境让我们更坚韧

逆境既能让一个人毁灭，也能让一个人获得成功。毁灭的人是弱者，而成功的人则是有坚韧品质的强者。

意义 2：逆境能增强我们挑战自我的能力

日本著名作家山本曾经说过：年轻时没尝过苦水的人，不能成长。我把"辛苦"当做我的老师。

意义 3：逆境教我们学会更好地做人

当我们身处逆境的时候，我们会真正地感受到父母的不易和艰辛，就会更加珍惜现在拥有的一切，就会自觉地去努力生活和学习。

透过苦难看到的

一个青年来到城市打工，不久因为工作勤勤恳恳，老板便把手下的一个分公司交给他打点。

这个青年将这个分公司管理得井井有条，业绩直线上升。有一个外商听说之后，想同他洽谈一个合作项目。当谈判结束后，他邀请这位蓝眼睛黄头发的外商共进晚餐。

这顿晚餐没有丰盛的美味佳肴，只是简简单单的几个地道的特色小吃，吃到最后，还剩下两角特色薄脆饼。他对服务小姐说，请你把这两角饼给我打一下包，我带走。外商当即站起来表示明天就同他签合同。

第二天，老板设宴款待外商，席间，外商轻声问他："你受过什么教育？"他回答说："我家很穷，父母不识字，他们对我的教育是从一粒米、一根线开始的。父亲去世后，母亲辛辛苦苦供我上学。她常教育我说一定要做好自己该做的事……"在一旁倾听的老板和外商听后都很感动，端起酒杯激动地说：我们共同敬她老人家一杯，她让你受到了人生最好的教育。

一个人吃过苦，便懂得珍惜；一个在贫寒中长大的人，不会不知道节俭的重要；一个自小就知道努力做事的人，不会不对自己和他人负责……

贫穷并不可怕，可怕的是，人在贫穷中什么也看不到，什么也学不到，进而失去自己的信心。

咦？他们曾是差生

爱因斯坦被公认为世界上最聪明的人，甚至很多人都推测像爱因斯坦这样的天才，他的大脑和常人的大脑结构肯定不一样。

可是，你知道小时候的爱因斯坦是什么样子吗？

爱因斯坦小的时候是个连话都说不清楚的笨孩子，更别说什么超常天分了，考试成绩几乎总是倒数第一。老师甚至写下了这样的评语："这个学生以后不论从事什么工作，获得成功的概率几乎为零。"

看到这些，谁会想到一个成绩这样差、这样不被老师看好的学生，后来竟能获得举世瞩目的诺贝尔奖呢？

因此，小朋友，如果你的文化课成绩不太理想也不要太着急，更不能自暴自弃。因为一个人一时的成绩不代表一世的成绩，在校期间的成绩不会决定他一生的成败。

还有那个英国前首相撒切尔夫人，在学校的成绩也是一团糟，特别是她的拉丁语和数学课程，基本上就是交白卷。可是，她日后居然会成为执掌英国财政大权的财务部长，后来又成为英国首相。

不过，小朋友看到这以后，不要沾沾自喜，认为自己成绩不好没什么大碍，大可不必放在心上了。这样的话，你就又犯错误了。刚才我们只是看到这些成功人士的一个方面，我们还要看到他们的另一些特点：

1. 尽管他们在学校的时候成绩不理想，但是都有自己的一技之长。

2. 不管别人怎么说，坚持走自己的路，不气馁。

3. 为了开发自己的潜能，付出了非比寻常的代价和努力。

懂得珍惜财富

几乎所有的人都希望自己成为一个拥有财富的人，但是拥有财富却需要一个创造的过程。如果没有经历这种过程而一夜暴富，他们的人生结局往往并不是太好。

据调查结果显示，在中彩票一夜暴富的人中，有许多人都是在贫穷痛苦中走完人生最后一程的。乍一听，这有点让人费解，本来中奖就像天上掉馅饼似的，这样的幸运儿应该是生活得非常幸福才是，怎么会在不幸中走完人生的旅程呢？

其实这正是验证了中国的一句古话：“积钱犹如针挑土，花钱犹如水推沙。”因为这些一夜暴富的人不懂得珍惜财富，他们大手大脚地花掉毫不费力就得到的钱，最终酿成了悲剧。

国际知名连锁集团沃尔玛的创始人山姆·沃尔特，是位居世界顶级富豪榜前茅的人物。在他获得巨大成功后，仍然没有忘记艰苦创业的艰辛——每天中午只吃一

个汉堡，也就是意味着40美分就可以够他吃一顿午餐。

有一次，山姆·沃尔特拿到服务员递过来的午餐时，发现账单被误打成了50美分。他立即叫来了服务员，要求他马上改过来。那个服务员不可思议地说：“如果我像您这么有钱，才不会这么计较这10美分的。”

听了服务员的话，山姆·沃尔特回答说：“如果你懂得珍惜10美分的话，就不会到现在这个年龄还在这里做服务生了。”

通过上面的故事，我们可以得出一个结论：要学会珍惜每一分财富。

很多小朋友从小就有花钱大手大脚的习惯，对于父母给的零花钱不懂得珍惜。这样的孩子长大以后，必然会吃不得苦，创造不了更多的财富。

正确面对失败

你知道美国的企业在招聘员工时非常看重什么吗？答案是，是否能接受失败。他们在招聘新人时，并不十分看重学历，而会比较偏重一些特质，比如，在学校里参加过什么业余体育团队没有。

美国很多学生都在学校加入曲棍球队。课余时间，父母经常在傍晚去看孩子们练习，一方面这可以增强孩子们的团队精神，另一方面还可以锻炼他们一种精神：能够接受失败。

因为在体育比赛里，冠军永远只有一个，所以大部分人辛苦训练了半天，在运动场上拼搏了半天，可到最后的结果都变成了陪衬，不得不和团队的战友们一起接受失败的结果。

很多小朋友的心里都有一种这样的心态：失败很可怕，要不惜一切代价避免失败。

其实，这是一种会让自己陷入痛苦的误区。你要知道，

每个人都拥有平等的机会，没有一个人注定要过一种失败的生活，也没有一个人注定要过一种一帆风顺的生活。任何事情，都有可能失败，要敢于接受失败，并从失败中领悟到一些知识，总结出一些经验教训，这样才有可能抓住攀登成功的梯子。

如何反败为胜

美国成功学家哈罗德·雪曼写过一本书，名叫《如何反败为胜》，他在书中列出了八种方法，小朋友们请把它记住：

1. 只要我坚信自己正确，我决不放弃。

2. 我深信，只要我坚持到底，一切都会迎刃而解。

3. 在逆境中我会充满勇气，决不气馁。

4. 我不允许任何人用恫吓或威胁使我放弃目标。

5. 我会竭尽全力克服生理障碍与挫折。

6. 我会一而再，再而三地努力做到我想做的事。

7. 知道了成功人士都有着与失败和逆境搏斗的经历后，我会获得新的信心和决心。

8. 无论我面临什么样的障碍，我决不向失望与绝望低头。

里根的简历

我想，小朋友们都听说过里根吧？没错，里根就是美国历史上第 40 任总统，带领美国走出了 20 世纪 70 年代持续的衰退阴影，恢复了美国的信心，并培养了信息产业，为克林顿时期的经济奇迹作出了重要贡献。他成为了美国人心目中优秀的总统。

也许你会心里犯嘀咕：人家里根天生就是一个了不起的人物。可事实上，里根经历了无数次自我超越才有了那些成绩，成为美国总统的。

让我们来看一看里根的履历表吧。

里根的履历表

1933 年，开始从事体育播音员工作。在之后的 5 年，他的播音事业蒸蒸日上，但是里根并不满足。

1937 年，经人推荐，在一部《空中的爱情》的影片中扮演一个角色，踏上了演艺生涯。在演艺生涯中共拍了 64 部影片，在 1941 年“最有希望的演员”评选中获选。

1964 年，在试镜拍摄《最好的男人》影片中的总统时，落选。导演的理由是：“里根不具备一名总统应有的相貌。”但是，这没有妨碍他走上政坛的决心。

1966 年，里根竞选州长成功。

1971 年，里根连任州长。

1980 年，69 岁的里根当选了美国第 40 任总统，实现了从平民到总统的梦想。

从里根的履历表中可以看出，他是一个不满足于现状，敢于突破自我，追求卓越的人。小朋友，当你刚刚取得了一点成绩的时候，你要相信自己身上还有无限的潜能，还可以取得更好的成绩。只有不断突破自我、追求卓越的人，才能成为一个真正成功的人。

安逸背后的危机

在芬兰有一道传统美食，叫做“水煮青蛙”。我们没有吃过这道菜，不知道味道如何，但据说这道菜的烹制过程是相当有趣的。

顾客入席后，服务生就会把煤气炉和锅摆在餐桌上，然后，再往锅里倒入温水并放入活蹦乱跳的青蛙。如果这时水温过高，青蛙就会被烫得一下子从锅里跳出来，所以做这道菜的窍门就在于刚开始时倒入青蛙喜欢的温水。这样一来，青蛙就会以为是在池塘里，乖乖地把肚皮贴在火锅底上，怡然自得地待在锅里享受温水的沐浴。

为了不惊动青蛙，厨师在注入温水后，用文火慢慢地给锅加热，所以青蛙丝毫察觉不出危险，就这样安然地、慢慢地被煮成了熟食。

看完这段文字，你是不是觉得很可怕呢？在生活中这样的安逸危机处处可见，比如你在学校里成绩不错，父母也常常因此而夸奖你，时间长了你就会认为“我已经很优秀了”。这时，你很可能就失去了学习的紧迫感，这样很可能处在一个停滞不前的境地，这和锅里的青蛙不知自己大祸临头是同样一个道理。

让自己不断追求卓越的方法

启示秘诀：安于现状是一种很危险的状态，它会让你失去斗志，在自我安逸中慢慢迷失自己，让对手超越自己。时刻保持清醒的头脑，看清楚安逸背后的危机，为不断超越自己而努力才是最明智的选择。

提升自我保护能力

在我们成长的过程中，总会不可避免地遇到一些突发情况，比如和同学去野外宿营后不小心走散，或者在放学回来的路上遇到不法分子的勒索，或者父母出差时，自己在家不小心患了感冒……

这些突发情况不一定每一个小朋友都会遇到，但是关键的问题是，一旦遇到后，你该怎样处理？如果处理得不够得当，很可能演变为危险。因此提升自己的处事能力，可以避免一些危险的发生。

怎样应对恐怖情况？

1. 当你看见一只怪物好像被你杀死了的时候，不要靠近它去查看它是否真的没命了，因为它有可能会突然袭击你。

2. 不要接受生活在偏僻地方的陌生人的邀请。

3. 不要去地下室，尤其是当一片漆黑、电话也没有信号的时候。

怎样独自在野外生存

1. 寻找水源是第一要务。要想活得更长久，你可以缺少食物，但不可以缺少水。你得找一个靠近水源的地方安营扎寨，但是不能靠得太近，因为野生动物会寻水而聚。

2. 找一堆干木头生火，你也可以利用树皮，甚至是风干的动物粪便。要想在晚上保持温暖，可以拿石头在火堆上烤热，埋在地下，晚上睡在上面。

千万记得不能让火堆熄灭，旁边要随时准备好一堆潮湿的叶子。如果听到飞机飞过头顶的声音，把湿叶子撒在火堆上可以冒出一股烟，以吸引他们的注意。

3. 搜集食物的时候一定要加倍小心，不要被毒蘑菇诱惑。浆果也是很危险的，一般来说，大多数白色和黄色的浆果都是有毒的，而蓝色和黑色的浆果则大多无毒。

提升自我保护力的秘诀：

1. 记住父母的姓名、家庭住址，记住父母的工作单位、电话号码等。

2. 认识一些药品，了解一般常识，会辨认一些常用药品，如感冒药、创可贴、清凉油等，并了解这些药品的用途、用法，以及误吃的危险性。

3. 了解一些家用电器的用法。要知道冰箱、电视机、液化气灶、热水器等家用电器一旦使用不当，会酿成大祸。

走玩去吧，不要干活了！

第二章

提升自信力

人生没有真正的绝境，无论遭遇多少艰辛的磨难和痛苦的挫折，只要对自己有信心，总会走出困境，战胜挫折。因为只有一个人满怀自信，才能真正沉浸在生活之中，并最终实现自己的理想。

告诉自己你是最棒的

美国黑人民权运动领袖马丁·路德·金说过：“人类所做的每一件事都是抱着希望而做成的。”一个人如果没有自信，首先就被自己的自卑打倒了，更别说胜利了。

有一个周末，老师带领学生观看了一场国外颇有名气的马戏团表演。

“看！”同学们睁大眼睛，指着舞台惊叫道。

原来，舞台上老虎的腿被铁链拴着，而铁链的末端被钩子固定住，似乎只要稍微用一点

力气，就可以挣脱。

“老师，万一老虎挣脱了铁链攻击人的话，那怎么办呢？”

“应该不会有那么可怕的事。”

“为什么不会呢？”

“老虎从小被拴住，当时它无法用力挣脱，虽然现在老虎已经长得又大又壮，只要用一点力就可以挣脱链子，但它却想都没有想过呢！”

同学们听了，纷纷点头，原来老虎已经丧失了信心，所以再也战胜不了困难了。

老师笑着说：“希望大家不要像老虎那样，不管在学习还是在生活上，遭受了一些挫折和失败后，就丧失了追求成功的欲望和信心！”

没有自信，任何事情都不能成功。一个获得了巨大成功的人，首先是因为他有自信。

自信是一种神奇的力量，它可以使不可能成为可能，使可能成为现实。而不自信会使可能成为不可能，使不可能成为毫无希望。

一分自信，一分成功；十分自信，十分成功。自信可以使你从平凡走向辉煌，所以，你要满怀自信地对自己说：我一定能够成功！

培养自信的方法

1. 每天多激励自己一点点

每天早晨一起床，大声地对自己说：“我一定行！”或者拿面镜子照照自己的脸，如果看到镜中的自己很沮丧，赶快对着镜中的你大声说：“人，可以死亡，但绝不能被打败！”

2. 自我期许，正面激励

你的心里能够想什么和相信什么，你就能够用积极的心态去获得什么；你把自己想象成什么人，你就真的会成为什么人。

暗示和激励要用正面积极的语言，比如说：“我一定能成功”，而不说“我不可能失败”。

3. 积累成功

成功是一种有力的激励，它可以增加你的信心，给你奋斗的力量，帮助你确定未来的发展道路。所以，莫以“功”小而不为，成功地做好每一件小事，会激励你去追求更大的成功。

你不妨专门买一个小本子，记录每一次成功的经历和体验，每天晚上睡觉之前，都要翻翻，并且对自己说：你真棒！

相信自己的力量

一项研究发现，对逆境保持乐观态度的人表现出更具攻击性，会冒更大的风险；而对逆境持悲观反应的人则会消极和谨慎。

在自信心方面，自信的人逆商较高，在逆境中往往更容易保持乐观，自然也就容易实现成功的目标；缺乏自信的人则表现不积极，容易对前途丧失信心，不去努力争取。

自信心是希望和韧性的体现，在很大程度上决定了一个人如何对待生命中的挑战和挫折。

一个人的心理状态很重要，在潜意识里认为自己是什么样的人，那么他很快就会知道自己应该成为什么样的人，并且最终也会按照自己的想象去塑造自己。

如果他从内心深处觉得自己很重要，并把这种感觉化为一种动力，就能很好地推动自己迈向成功。

有一个年轻人名叫查尔斯，在他 30 岁那年，他的工

厂宣布破产了，也就是一夜之间，他丧失了所有的财产，成了一个名副其实的穷光蛋。

查尔斯无法面对残酷的现实，心里沮丧透了，几乎想自杀。

有一天，他去见牧师。他流着泪，将自己如何破产、生活如何窘困的事情给牧师细细说了一遍，恳求牧师给予指点，帮助他东山再起。

牧师望着他，沉默了一会儿说："我对你的遭遇深表同情，但是，我却没有能力帮助你。"

查尔斯的希望像泡沫一样一下子全都破碎了，他脸色苍白，喃喃自语道："难道我真的没有出路了吗？"

牧师考虑了一下说："虽然我没有办法帮你，但我可以介绍你去见一个人，他可以帮你东山再起。"

"这个人是谁呢？他真的有这种神奇的力量吗？"查尔斯满腹狐疑。

牧师带领查尔斯来到一面大镜子前，然后用手指着镜子中的查尔斯说："我介绍的就是这个人，在这个世界上，只有这个人能使你东山再起，你必须首先认识这个人，然后才能知道该如何做。在你对这个人没有做充分的剖析前，你不过是一个没有任何价值的废物。"

查尔斯向前走了几步，怔怔地望着镜子里的自己，面容憔悴，毫无精神，不由自主悲从中来，伤心地哭了。

几天后，查尔斯又来见牧师，不过这次他从头到脚几乎是换了一个人，步伐轻快有力，双目炯炯有神。

他对牧师说：“谢谢您让我重新认识了自己，现在我已找到了一份工作，我相信，这是我成功的起点。”

小朋友，当你遭遇挫折、一蹶不振的时候，不妨让自己在镜前照一照，看着镜中的人，然后告诉自己：你就是我要依靠的人，只有你才能帮我走出困境。

欣赏自己的不完美

一个名叫丹普赛的孩子，生下来就是一个畸形儿，四肢不全，只有半边右足和一只右臂的残端。像每个孩子一样，他希望自己活蹦乱跳，到处玩耍。他喜欢足球，父亲就给他做了一只木制的假足，以便使他能穿上特制的足球鞋。

丹普赛一小时接着一小时，一天接着一天地用他的木脚练习踢足球，努力在离球门愈来愈远的地方将球踢进去。

渐渐地，他变得有名气起来，以致新奥尔良的圣哲队也雇请了他做自己的球员。当丹普赛用他的跛脚在最后的两秒钟内离球门63米的地方破门时，球迷的呼声响遍了全场。这是职业足球队当时踢进的最远的球，这次圣哲队以19比17的比分战胜了底特律雄狮队。

我相信我的木脚天下无敌！

底特律雄狮队的教练施密特说：“我

们是被一个奇迹打败的。”

对许多人来说，这是一个奇迹。

丹普赛的故事很鼓舞人，其意义远远超越了踢进一个球。不论你身上是否有不完美，不论你是男孩还是女孩，从丹普赛的故事中，你都能从中得到以下启示：

1. 能够欣赏自己，并接纳自己的不完美的人，才能创造奇迹。

2. 那些能够产生热烈愿望以达到崇高目标的人，才能走向成功。

3. 那些在逆境中保持积极心态并不断努力的人，才能取得卓越的成绩。

4. 无论面对的是何种逆境，只要你确立了特定的目标，努力和劳动就会变成乐事。

在生活中，有些小朋友为自己不够聪明、不够高、不够白、不够苗条、不够美丽、不够……而烦恼，他们总是盯着自己的不完美而苛求自己，因而常常很自卑。

自信原本就是一种美丽，而很多人却因为太在意外表而失去很多快乐。你要接受生命中无法改变的事情，学会欣赏自己的不完美。

记住：无论是贫穷还是富有，无论是貌若天仙，还是相貌平平，只要你昂起头来，快乐会使你变得可爱——人人都喜欢的那种可爱。

做好自己，不必追随他人

小朋友，当有人问你为什么喜欢某个明星的时候，你能回答出你独到的见解吗？

或许只是因为周围的很多同学都喜欢，现在这个明星很火而已。

当有人问你为什么喜欢在牛仔裤的膝盖上剪几个洞的时候，你的回答也仅限于这样做非常流行吧。

仔细想一想，这样的答案真的很难让人满意，因为这反映了你是在模仿别人，而且是很盲目的。

小朋友，并不是批评你所模仿对象的好坏，只是想告诉你，不要把太多的精力耗费在仿效别人上，你应该把这些精力用在增长智慧和丰富心灵上。

遗传学告诉我们，每个人都是独一无二的，过去没有一个完全像你的人，在将来也不会有一个完全同你一样的人。

所以，小朋友，你就是与众不同的，是这个世界的新人。你没必要去极力模仿他人，而要充分利用大自然赋予你的一切，去创造奇迹，走出一条属于自己特色的路。

即便别人确实比你优秀、比你出色，也不要轻易否定自己，因为只有你自己最可能忠于你自己。如果因为羡慕别人而否定自己，甚至丢失自我，那么原来的你就失去了价值。你要做的就是认识自己，然后，充满自信地走自己的路。

把下面这首由著名诗人道格拉斯·马尔洛赫所写的诗背诵下来：

如果你不能做一颗青松屹立山巅，
就去做峡谷中一丛灌木——
但要做最好的小树摇曳在溪边；
如果你不能做参天大树，就做一颗矮树乐而无怨。
如果你不能做一颗矮树，就去做一株小草，
把大道装点得更加美丽；
如果你不能做一条大马斯吉鱼，那就做一尾小鲈鱼也好——
但要做最快活的小鲈鱼在湖中游戏！
如果我们不能做船长，那就做水手，
在这里我们都有广阔的天地。
要做的事巨细都有，而我们必须急事优先。
如果你不能做大道，那就做小路，
如果你不能做太阳，那就做小星；
大小并非决定成败的关键——
不管做什么，
要做就要出类拔萃精益求精。

拒绝诱惑

在美国，心理学家们曾做了一个测试孩子们抗拒诱惑力指数的实验。

他们把30个孩子聚到一起，然后给每个孩子每人一颗糖果，并说："现在我们要出去一会，要是在我们回来之前谁的糖果还没有吃的话，那么我们会再给他一颗糖果。"

时间一秒一秒地过去了，终于在半个小时后第一个小朋友忍不住将糖果给吃了。接下来很多小朋友陆续又做了同样的事。等到心理学家们回来时，只有极少数的小孩没有吃糖，于是按要求又给了这些孩子每人一块糖果。

研究并没有就此结束，心理学家们一直在跟踪观察着这30个孩子，直到他们长大成人。心理学家们发现那些半途将糖果吃掉的小孩大多都碌碌无为，而那些一直坚持到最后的小孩都做出了一番大事业。

这个实验给我们的启示就是，对于一个人的一生，最大的苦难不是挫折，而是诱惑，它们无时无刻不在挑逗你的欲望，只有忍住欲望（记住：是忍住，而不是战胜，人是不可能战胜欲望的，欲望是人性的本能）才有可能有更大的成就。忍耐意味着坚持，意味着痛苦，意味着折磨，意味着咬牙切齿，所以能忍住诱惑的人才是人才，才是成功的人。

有人曾经说过，一个人的能力有多大，要看他抵抗诱惑的能力有多大。诱惑无处不在，当你学习的时候，窗外小朋友的嬉闹声就是一种诱惑；当你囊中羞涩时，商店里琳琅满目的玩具就是一种诱惑；当你为自己的理想艰苦奋斗时，别人悠然自得的生活就是一种诱惑……

为了理想，你能抵抗这些诱惑吗？

走玩去吧，不要干活了！

把微笑挂在脸上

小朋友，你的人缘好吗？

如果你的人缘不好的话，那原因只有一个，那就是你忘记微笑了。

反思一下：我会笑吗？我经常把微笑挂在脸上吗？

你有没有发现，你一笑，周围的人也都跟着笑了。这就说明，微笑具有很神奇的力量。它不但让自己更招人喜欢，也能给身边的人传递一种和谐的信息。

那你为什么不微笑呢？

是因为这次期末考试没有考好？还是因为和好朋友闹了一点儿小别扭？或者是因为受到了妈妈的责怪……

也许这些都是借口，真正的原因是你没有把微笑当成一种习惯，始终忘记把微笑挂在脸上。

把微笑养成一种习惯吧，因为，懂得微笑的人，在遭受挫折的时候依然会怡然自得；而失去它的人，即使在处处如意的时候，也是郁郁寡欢。

其实，微笑也是一种学问，真诚友好的微笑，很迷人；但是虚伪做作的笑，会让人感到很不舒服。

微笑的方法

1. 微笑一定要发自内心，表情要自然。

2. 最美的微笑是露出上排 6 到 8 颗牙齿，眼睛一定要带有笑意，不能生硬死板。

3. 不妨对着镜子练习：先用手遮住嘴，看自己的眼睛是否在笑。

微笑的益处

1. 人的五官和脏腑是相互联系的，微笑的时候，人的表情放松了，其他的脏腑也就放松了，因而有顺气活血的作用。

2. 微笑能使心理得到放松，比如当你上台演讲很紧张的时候，微笑可以缓解你的紧张情绪。

3. 微笑对待别人，会让自己更自信，也会让自己得到更多的机会。

尽量去帮助别人

小朋友，你知道吗？很多时候，你一个小小的付出，却让别人得到很大的满足，而你自己也能从中得到一种助人的快乐。

从小到大，你一定无数次地听过“助人为乐”这句话，但是你真的做到了吗？

一个喜欢帮助别人的人，一定是一个积极乐观的人，更是一个自信的人。因为爱和帮助不仅让别人快乐，也是让自己快乐起来的绝妙办法。

我们一起来看看这个温馨的故事：

圣诞节的时候，凯瑟琳得到了一身漂亮的衣服，包括一个可爱的帽子和与之配套的鞋，还有美丽的袜子。新衣服穿在身上，好像整个人都变新了。

她蹦蹦跳跳地走在大街上，感觉所有的人都在看她，这种感觉真是太美了。

忽然她注意到商店外面蜷缩着一个老妇人，衣衫褴褛，尤其让凯瑟琳觉得难过的是，这么冷的天，那个老妇人竟然没有穿袜子。

怜悯之情顿时涌上了凯瑟琳的心头，她走过去道：“老婆婆，我把我的袜子给你，希望你节日快乐！”

老婆婆用感激的眼光看着她说：“谢谢你，十分感谢你。如果有什么是我最爱的，那就是晚上睡觉的时候有双暖和的脚，这种感觉我已经记不得了。”

凯瑟琳把自己的袜子给了老婆婆，感觉自己做了一件很有意义的事。老婆婆所说的那句话很让她感动：如果有什么是我最爱的，那就是晚上睡觉的时候有双暖和的脚。

几天后，警察在一个破旧的小屋子里发现了那个老

妇人，她已经死了。

据附近的人说，她是个老寡妇，自己一个人艰苦地生活着。他们还说，老人死后看起来一脸的祥和。是什么让她这样的安详，却没有人知道原因。

这个世界上如果只有一个人知道原因的话，她就是凯瑟琳。

请问，小朋友知道其中的原因吗？知道为什么帮助别人也是让自己快乐起来的绝妙办法吗？

这是因为，一个人只有在爱与被爱中才能体悟到生命的意义。每一个人都会经历挫折与磨难，但是每一个人并不都能拥有爱的能力。

如果一个人没有了爱的能力，没有被需要的感觉，那么，他的生活就会黯然失色，看不到生活阳光的那面。

从现在开始我应该做些什么

1. 有一颗爱心，为那些需要帮助的人尽一点微薄之力（如不乱花钱，把节省的零花钱用来做一些有意义的事）。

2. 有一颗宽容的心，不去计较别人的过失。

3. 有一颗感恩的心，记住别人对自己的帮助。

4. 最后记住一句话：在这个世界上，有人因为你的爱心而变得快乐，这是你快乐、幸福的源泉，并且也是你积极向上的动力。

有梦想，就要肯定自己

有一家制鞋公司，为了调查某热带地区是否有鞋子的市场，特意派遣了两个员工。

两个人到目的地一看，那里的居民基本上都是光着脚的，两个人完成了市场调查后，各自用快递向公司发了一份报告。

第一份报告的内容是：在这里，几乎找不到穿鞋子的人，当地居民甚至不知道什么是鞋子。因此，我认为公司来到此处开发鞋子的市场势必会失败。公司的老板接到了这份工作报告后感到非常难过。但当打开另一份工作报告时，则激动得从座位上跳了起来，说："这样的想法坚定了我的信念。"

小朋友，你想一下，这第二份报告的内容是怎样呢？

原来第二份报告是这样写的：在这里，几乎找不到穿鞋子的人，因此这里的市场前景很广阔。我认为有可能大量销售我们的产品。

面对同一种情况，两个人却是截然不同的见解。一个人持积极的看法，而另一个人持消极的意见。

最终，公司在当地打开了鞋子的市场，销售出了许多鞋子，第二份报告的意见得到了验证。

心有梦想的孩子们，一定要保持积极面对问题的态度。比如，你长大想当一名画家，就一定要自信地想："我长大后一定会成为一名画家的。"那么，从这一刻起，你就想我怎么样才能成为一名画家；相反，如果你认为这一切都不可能实现的话，你就不会为做一个画家而付出任何努力了。

记住哦，为了唤醒沉睡在体内的各种潜能，最最重要的莫过于你对自己的肯定了。

扭曲的自尊心

20多年前，英国沿海港区发生了一件惊天动地的案件。

一天晚上，某水警部队的一艘登陆艇奉命停泊在一个海港。登陆艇上当时共有20人。出发的前一天，军官们开会批评了一位违反纪律的士兵，那名士兵刚开始的时候感到心里不服气，转而由批评又想到自己的前途渺茫，一想到自己这辈子这么无望了，他就开始仇恨起了整艇的官兵。

白天航行时，他沉默不语脸色变得极为凝重，但没有一个人想到他会做出什么过分的事情来，只是认为他挨了批评，年轻人可能是因为自尊心比较强，过些日子

就没事了。

可是没有想到，一件悲惨的事情发生了：在一个漆黑的夜晚，趁着士兵们都睡熟的时候，他像一个幽灵，潜进了士兵舱里，他把住舱门，端起冲锋枪向他的战友们扫射，然后他又到了军官舱、报务房去继续杀戮。当他觉得这艇上没有第二条生命的时候，便跑到了机舱里引火自焚。

在这起恶性凶案事件中，有 18 位年轻的官兵被这个丧失理性的凶手杀害了。

引起这个恶性事件的原因是这位士兵的自尊心过于强烈，经受不住一点批评。这种人过分夸大个人的委屈，把很小的一点名义上的污点夸大为人生的奇耻大辱，把别人的一次批评看成是再也不能上进的“判决书”，把可能受到的一点处分看做是已走上了绝境。

小朋友，请你记住这个启示，过度的自尊心其实正是自卑的体现，它会让人经受不住一点挫折，失去自我控制的能力。正确地对待他人的批评，是拥有自信的一种表现。

PK影视明星

很多小朋友都有一个明星梦，并且把一些明星作为自己心中的偶像。

如果你也梦想成为一个电影明星，就要清楚地认识一些问题，这样才有可能让自己的明星梦成为现实。

你可能认为，只要长得漂亮就有可能当个电影演员。但看一看最近走红的那些电影明星你就会明白，外貌只是成功的一个因素，自己的特色和个性才是演员更具人气的根本原因。

要想当个演员，必须具备下列素质：

1. 出众的演技。
2. 流畅地背诵台词的能力。
3. 惟妙惟肖的表情。
4. 个性化的外表。
5. 表演作品的创新能力。

为了培养一名演员的基本素质，从现在开始你就要进行刻苦的训练，你可以在家里对着镜子模仿你喜欢的电视剧的片段，这是一种不错的训练方法。你还可以利用假期参加话剧夏令营或者参加社区的戏剧艺术演出，这些都是积累经验、锻炼自己舞台艺术感觉的有效途径。

另外，你也可以把你喜欢的演员的生活照片剪贴成册，或是从电影杂志中，收集有关他的各方面详细报道。如果你现在还没有一位中意的偶像，也不用着急，你可以现在选定一位，成为他（她）的粉丝，不断研究他（她）

的表演风格。

刚开始的时候，几乎所有的人都是在模仿他人的演技，经过一段时间的学习和磨炼后，才能渐渐形成自己的个性化表演风格。

还有一个问题，你必须要做到心里有数：演员这份职业是很辛苦的。虽然它看上去很体面，让很多人羡慕，但是，成为演员的道路要比你想象的曲折、坎坷得多。因为，就在此时此刻，还有很多希望当演员的人为了拿到一个配角，一边干着其他行业的工作，一边为了实现自己梦想而努力着。要知道，机会永远属于那种敢于挑战命运并时刻为自己的理想准备着的人。

请饱含深情地在镜子面前表演下面的场景戏

- 你正在参加一个超级明星的选秀活动。
- 唱歌是你的强项，你拿着麦克风尽情地唱着。
- 因为你的精彩表演，观众的掌声如波涛汹涌。
- 你摆了一个很酷的 pose 退场。

第三章

提升处理力

很多问题因为处理方式的不同，结果迥然不同。很多小朋友在遇到挫折的时候，不知道该怎样处理，显然不会处理问题的人的逆商是不高的。本章将教你一些处理常见问题的方法，记住，你学的不仅仅是一种方法，更是一种思想。

树立责任意识

小朋友，我们经常听人说“负责任”，那你知道到底什么是责任心吗？

其实，所谓的责任，就是你的行为会给别人带来一定的影响，但事情的结果不论好坏你都要承担。一个人对自己的责任心相当于他心里的“警察”，我们要树立责任意识，就是在自己心中树立一个警察，让它对自己进行监督。

责任心是一个人生命的纤绳。有了责任心，一个人才把自己的生命与别的生命联系起来，才会产生自我价值感。一个没有责任心、没有价值感的孩子，因为找不到自己的生命在社会中的地位和重要性，便会感到迷惘，因而失去创造成就的动力，而容易为其他一些物质性的轻浮的事物所吸引，沉溺其中，平庸地混过一生。

可以说，责任心不仅是每个人安身立命的基础，也是前进的动力。把责任担在自己的肩上，就有了奋发向上的愿望，有了克服困难的决心，有了真正做事的态度，也就养成了对自己行为负责任的习惯。

秘诀1：明白自己该做什么、怎样做。

很多小朋友做事往往是凭兴趣的，但缺少做每一件事情都负责到底的态度。比如，你做手工制作的时候，当完成作品后，有没有记得把垃圾也顺便清理干净呢？如果你目前还没有做到，那么记住下次一定要为自己所做的事收拾好残局。

秘诀2：对自己的责任心引以为荣

有位10岁的小女孩，她负责倒家中的垃圾已经5年了。在她5岁那年，她突然对倒垃圾产生了兴趣，一听到收垃圾的铃声就提着垃圾桶去倒。父母为了支持她参加家务劳动的兴趣，对她倒垃圾的事予以表扬，夸她能干，还经常在外人面前称赞她。这样就更激发了她主动倒垃圾的自豪感，慢慢地形成了习惯，把这项劳动看成一种责任。

秘诀3：自己的事情自己负责

有的小朋友被父母宠惯了，什么事都不爱自己动手，过着衣来伸手、饭来张口的生活。其实在这种环境下成长的孩子，明显地责任意识淡薄，依赖性太强。这对一个人的成长是非常不利的。从现在开始，自己的事情，养成自己动手的习惯。

秘诀4：设法补救自己某些行为造成的不良后果

比如损坏了别人的玩具，一定要用自己攒下的零花钱还给人家，让自己知道，既然造成了不良后果，就该由自己负责。

锻炼应变能力

在生活中，我们经常会碰到许多意想不到的问题。比如，你正在担任学校里的节目主持人，突然碰到听众提问你没有准备过的问题，这时，你就需要发挥你的应变能力了。一旦你不具备这种能力，不但会让自己下不来台，就连自己负责的节目也会受到影响。

有一个机智应变的故事流传很广，它发生在法国路易十一当政时。

一个巴西预言家来到法国，四处宣扬自己能够预知别人的命运。路易十一认为这个人是靠迷信行骗，就下令把他逮捕法办。

“听说你能预知别人的未来与命运，这是真的吗？”路易十一威严地问。

“是的，陛下，到现在为止，我的预言都很灵验，从来没有落

空过。”预言家不慌不忙地说道。

“是吗？那你也肯定知道你未来的命运将有什么变化了吧？”不管预言家怎么回答，路易十一已经打定主意要处死他。

这个巴西预言家早就猜到了路易十一的心思，不慌不忙地回答说：“事实上，我对自己未来的命运还不是非常清楚。”

路易十一显然对他的回答很不满意，于是大喝道：“来人啊，马上把这个家伙拉出去砍了！”

就在这时，这个巴西预言家机智地说：“陛下，尽管我说不准自己未来的命运，但是我却千真万确地知道这样一个事实，我会在陛下驾崩前两天死去。”

听了预言家的话，路易十一脸上大变。随后，路易十一就让人悄悄地把那个巴西预言家放了。因为他怕在那个巴西预言家死去后两天，自己真的会有什么不测。巴西预言家用他卓越的机智应变能力为自己赢得了宝贵的生命。

那么，小朋友，怎样培养自己的应变能力呢？有一条很有效的秘诀就是经常和小朋友们在一起聊天，另外也要常常加入到父母对问题的讨论中。这样，你就会懂得在什么样的情形下说什么话以及如何对付各种突发的问题了，你的机智应变能力当然会大大加强了。

搞定经常欺负你的人

很多小朋友都曾遇到过被暴力恐吓或欺侮的情况，这不是你的错，错的是欺负你的人。但是，怎样才能让自己不再受欺负、搞定这样的人呢？

首先你不要忍气吞声，因为没有人应该被欺负。但也不能采取过激的行为肆意报复。其实，找老师、家长或你信任的其他成年人，告诉他们事情的真实情况是一个比较好的方法。因为只要有人倾听你的遭遇，就会让你感觉好一些。并且他们还会支持你，给你些建议，帮助你解决问题。

另外，大多数学校都有严格的反暴力政策，你的老师对于处理这类事件一定有很丰富的经验，你要相信他们。

还有，要努力让自己看起来、听起来很有自信。欺负人的大都是一些纸老虎，他们欺负的对象只是那些看起来比自己更软弱的人而已。平时在校园里走路要抬头挺胸，说话要清楚嘹亮，敢于正视别人的目光。

对于别人的恐吓行为，尽量不要去理会。让那些捣乱的人相信你不害怕他们，也没有被他们的言行伤害到，这样他们很快就自知没趣，不再骚扰你了。

没事的时候，预想一下应对这种困境的方法，未雨绸缪也是一个比较好的方法。演练一下如何反击挑衅你的人。哭喊通常只会让情况更糟，一句睿智的话，往往会让你看起来充满自信和控制力，一定要保持理智和镇定。

尽量不要让自己落单。多结交一些朋友，出行的时候，尽量多和朋友们在一起。那些常常欺负人的孩子总是爱把目光投向那些形单影只的人，如果你的身边总是聚集着一些小伙伴，那些人也不会把目标锁定你了。

怎样避免无谓的争吵

在日常生活中，我们常常会看见两个人为了某件小事而争吵得面红耳赤。小朋友们也不例外，当说服不了别人的观点时，就会引起争吵。其实这样的争吵，既不能说服对方接受，也不会给自己带来任何益处。

另外，争吵无论是输是赢，都只会无谓地伤害自己或他人。对于事情而言，无谓的争吵，只会使情况越来越糟。因此，小朋友们要尽量避免那些无谓的争吵。

秘诀 1：保持语调温和

在双方交谈中，谈话人的声调总是随着问话者声音的高低起伏而起伏。当轻声提问时，得到的是轻声回答；当高声提问时，得到的是高声回答。而声音的高低是情绪的一种体现，因此，我们可以影响他人的情绪。所以，时刻提醒自己尽量保持平和的心态，就可以把别人的情绪控制在你想要的范围内。

秘诀 2：善于夸奖别人

大多数的人都不愿意接受别人对自己的批评，但是当你夸奖他时，他反而能认识到自己的缺点。根据这一规律，我们在指出别人的错误时，最好不要针锋相对，多夸奖一下他的长处。

秘诀 3；主动坦率地自我批评

指出别人的错误要间接婉转，但是面对自己的错误，就应该坦率地承认。这是避免争吵的最有效的方法。你犯了错误，知道别人会来批评你，你何不抢先把别人责备你的话自己说出来呢。大多数情况下，别人反而因为你的这种态度谅解你，忽视了你犯的错误。

秘诀 4；拥有平静的态度

我们想要别人接受自己的意见，不发生争吵，就要放弃激动的态度，采用平静的陈述方法，让对方觉得你是在很客观、公正地阐释你的态度。

小朋友们，无谓的争吵其实大部分也都是因为生活中的一些琐事，拥有暂停一分钟的冷静，先思而后行，无疑都是对你很好的警示，最好能成为你待人处世的策略，切莫忘记哦。

学会自己缓解压力

研究表明，心理压力有两种：一种对人有益，另一种对人有害。当一个人对某件事情感兴趣的时候，那就是有益的压力。反之，当一个人对某件事忧虑不安的时候，那就是有害的压力。

很多小朋友在遇到挫折的时候都会有一些精神压力，适当的精神压力是解决问题的动力和必要条件。同理，过度的精神压力容易造成小朋友情绪消沉、自我封闭。因此，当这种情况来临时，试着给自己做一做心理按摩，让自己放松一点，缓解一下压力。

心理按摩操

方法 1：饮食法

多吃一些富含维生素C的食物，如：草莓、苹果、柑橘、

柠檬等，有直接减轻心理压力的作用。

方法 2：活动法

适当的运动，在学习间隙伸伸腰、踢踢腿、散散步等，使体力活动与脑力活动有机结合。

方法 3：转移法

有意识地转移注意力，当复习累了的时候，听听音乐、泡泡热水澡，或者与朋友聊聊天，讲讲笑话等。

方法 4：闭目养神法

在学习的间隙，可以很放松地闭一会儿眼睛，把脑子里的东西暂时清空，想象一些轻松欢快的场景。

方法 5：激励法

告诉自己这个阶段确实努力了，考试只要能发挥出自己的真实水平就可以了，并不断地告诉自己：“我很棒！”

方法 6：深呼吸法

比赛前夕，如果觉得紧张，就长长地吸一口气，把下腹鼓起来，再缓缓地呼出去，你会觉得心跳不那么快了，身体很舒服。

不放弃最后的5分钟

因著有《罪与罚》、《卡拉马佐夫兄弟们》而闻名于世界文坛的巨匠——俄罗斯小说家陀思妥耶夫斯基，曾在28岁时因犯谋逆罪被判处死刑。

那是一个下着鹅毛大雪的寒冷冬日，被关在西伯利亚监狱里的陀思妥耶夫斯基悄悄地看了一下手表，离执行枪决只剩下5分钟的时间了。他想："我人生最后的5分钟该怎么度过呢？"就在这时，他的脑海里闪过了一个很好的小说题材。为了不错过这个突然而至的灵感，他马上拿起纸和笔把它记下

来。

看到这个情形，被关在一起的狱友们一起嘲笑他："哎，再过5分钟你就要命丧黄泉了，还写那些东西有什么用啊？"

令人窒息的5分钟终于过去了。"咣当"，军人们推弹上膛的声音冷冷地回响在西伯利亚的原野之上，刽子手闭上一只眼瞄准目标。就在这千钧一发之际，一个士兵急急忙忙赶了过来，制止了就要执行的枪决，"沙皇特命，立即取消死刑！"

后来，陀思妥耶夫斯基就用临刑前5分钟记下的灵感，写出了《罪与罚》、《赌徒》、《卡拉马佐夫兄弟们》等伟大的文学作品。

作为一个小说家，陀思妥耶夫斯基临死前5分钟还在认真记录灵感，为写小说积累素材。请你永远记住，正是因为不放弃这最后的5分钟，才有了他成为大作家的荣耀。

其实，任何人都不是在一夜之间突然功成名就的，为了成为令大家心悦诚服的顶级人物，应该从最不起眼的小事一步步地做起，正如荀子说："不积跬步，无以至千里。"在这个默默努力的过程中，你还有可能体会到让你刻骨铭心的失败和挫折感。但是，即使是在那个时刻，你也不能放弃自己的希望和梦想。

感悟走向成功的秘籍

小朋友，我们做什么事都是需要悟性的，悟则进，不悟则退。下面的一些感悟是许多人生经验的总结，希望你认真阅读，深刻理解。

●不要总把自己与别人去比较，这样会愈看自己愈没有价值感。如同你的指纹一样，世界上的每一个人都是独一无二的。

●不要根据别人认为重要的东西制定自己的追求目标，而应当努力去争取自己觉得最好的东西。

●不要匆匆忙忙地过一生，以至于忘记自己从哪里来，要到哪里去。生命不是一场速度赛跑，而是一步一个脚印走过来的旅程。

●不要耽于昨天或前天而任凭今天从指间溜走。每一天只过每一天的日子，你总会享受到所有的日子。

●不要害怕面对风险，我们都是在闯练中学会勇敢的。

●不要怕去学习新的东西，知识没有重量，是可以

随身携带的宝藏，没有人会被它压垮，而且越多越会让你身心矫健。

●昨天是历史，明天是谜语，而今天是礼物，所以在英语中我们把今天称之为“present”。

●生活中一时的烦恼和忧愁，不过是一阵季候风，风过之后又是朗日晴空，遍地春色。

●无知识的生命，如同无枝叶的树，总是缺少生机勃勃。

●生活的磨难，谁也不想经历，一旦经历了，就要把它变成财富。

●嫉妒是无能的表现，超越是力量的显示。

●山的沉稳在于厚重，水的活泼在于幽深。

●是山就有高度，是水就有宽度，无论多高多宽，是自己真实的水平就好。

●人最可贵的品格，不在于装模作样，被别人赞许；人最可贵的品格，在于本分自然的生活，自己心里踏踏实实。

●竭力履行你的义务，你应该就会知道，你到底有多大价值。

●生命的多少用时间计算，生命的价值用贡献计算。

●一个人的美不在外表，而在才华、气质和品格。

●世间最庄严的问题是：我能做什么好事？

第四章

提升意志力

有着坚强意志力的人，在遇到困难时，不会退缩，也不会绕道而走，而是迎难而上。即使在遭受到巨大挫折或失败时，他也绝不会气馁，绝不会灰心丧气，而是不屈不挠地继续奋斗，直到最后的胜利。其实，没有那么难，来吧，你绝对可以！

从幻想这一刻开始

小朋友，你对自己的未来有什么打算吗？如果你觉得这个问题很抽象，不好回答，那先试试顺着这个思路来一次幻想旅程：

你有自己喜欢的明星吗？长大后，你渴望能像谁一样生活呢？

好，现在就闭上眼睛好好想想这个问题，然后再想一想自己 20 年后的样子。

20 年后自己是什么样子呢？

是过着像童话里的公主与王子一样的生活吗？

还是从事着自己喜欢的事情，任自己的才华挥洒得淋漓尽致呢？

抑或是成为众多影迷追捧的 superstar，不管走到哪里都有鲜花和掌声相伴？

……

这样的幻想，会让你的思绪一直漂流，直到漂流到闭着眼睛就可以笑出来。但是，睁开眼睛后，你就应该知道：

这样的幻想，几乎是每个人在孩提时代都曾经历过，但是，20年后的自己，真的会像现在幻想得那样美丽吗？

事实证明，只有很少很少的人，实现了童年时代的梦想。

如果你想知道这其中的原因，那么，从现在开始，你就要记住：行动才会让自己离目标越来越近。就像望着满树的桃子，光流口水是没有用的。要挽起衣袖去爬树，才能摘取美味的桃子。爬树当然辛苦，不仅要与地心引力作斗争，还要忍受各种虫蚁的叮咬……但必须往上爬。这就是你实现理想的必经之路。

因此，留住你的幻想，把握你的行动，就要做自己想做的人。

奇妙的幻想旅程

我目前的偶像：	我的未来形象：
我目前的理想：	我的未来职业：
我目前的心情：	我的未来收入：

培养永不服输的性格

拿破仑有句名言说得好：人生之光荣，不在于永不失败，而在于能屡仆屡起。

然而很多小朋友，却经受不住一点挫折。成绩没考好，泄气；竞选班干部落选，灰心；被老师批评，丧气。甚至有很多小朋友，因为一时的失误，就开始放弃努力，这绝不是强者的姿态。

要做强者，就要培养自己永不服输的性格。要记住：每次失败都是向成功的目标近了一步。其实失败只是表示尚未成功而已，并不是就不会成功了；失败也并不表示以前的努力是在浪费时间，其实它为成功做了准备；失败更不能让我们放弃目标，而是激励我们奋起更加努力。

我们一起来看一看爱迪生的故事：

爱迪生曾经长期埋头于一项发明电灯的实验，期间，曾有一位年轻记者问他：“爱迪生先生，你目前的发明曾经失败过一万次，你对此有何感想？”

爱迪生回答说：“年轻人，因为你的人生的旅程才刚起步，所以我告诉你一个对你未来甚有帮助的启示。我并没有失败过一万次，只是发现一万种行不通的方法。”

这就是爱迪生永不服输的性格，也正是这种性格，使他成为了最伟大的发明家。

只有放弃才有失败，因为只要放弃了就肯定再没有成功的机会，而不放弃，就会一直拥有成功的希望。不管做什么事都是这样。

即使是失败，也都只是暂时的，如果眼光总是集中于过去，却逃避现实生活，那肯定会使我们深陷痛苦之中无法自拔。

不要为了打翻的牛奶而哭泣！泰戈尔说：“错过太阳时，你在哭泣，那么你也会错过星星。”莎士比亚说：“聪明的人永远不会坐在那里为他们的损失而悲伤，却会很高兴地去找出办法来弥补他们的创伤。”

世上没有绝望的处境，只有对处境绝望的人。所以我们要忘却暂时的失意，把过去的痛苦彻底埋葬，而用积极的行动取而代之。

拥有坚强不屈的信念

在人生的道路上，不仅有平原小溪，还有高山大河；不仅有阳光灿烂的日子，更有风吹雨打的时候。

只有那些勇敢地执著奋斗的人，才能像暴风雨中的海燕，得意洋洋地掠过海面，好像一道深灰色的闪电。

大到人生，小到每一次考试，成功只属于那些勇敢追求、全心付出的人。

因此，当小朋友们遇到挫折时，首先问问自己：我真的用尽全力了吗？

也许你只是被对手的气势吓到，在比赛还没有开始之前，就让自己败下阵来。

如果你是这般轻易放弃的话，将来又如何在激烈的社会竞争中立足呢！

在这个世界上，没有越不过的海洋，没有攀不过的高山，只怕没有一颗坚强的心。如果没有一

种执著追求的精神，你将永远无法实现美梦成真的愿望。

很多小朋友都听过这个故事：

有一个失意的年轻人向一位哲人请教成功的秘诀。哲人递给他一颗花生说："用力捏它。"年轻人用力一捏，花生的壳便碎了，剩下了花生仁。然后，哲人又叫他再搓，结果红色的皮也被搓掉了，只留下了白色的果实。

哲人再叫他用力捏捏，年轻人迷惑不解，但还是照做了。可是不论他如何用力，却怎么也捏不碎这粒花生仁。

最后，哲人语重心长地告诫年轻人："虽然屡受打击与磨难，失去了很多东西，但始终都要拥有一颗坚强不屈的心。如果一个人连一颗敢于面对重重磨砺和困难的心都没有，那么，谁还赋予他希望呢？"

所以，小朋友，你要明白，影响一个人成功的，绝不是环境，也不是遭遇，而是你是否拥有一颗坚强的心，一种不屈的信念，在任何时候不言放弃的精神。命运全在搏击，奋斗就是希望，而失败只有一种，那就是放弃努力。小朋友，当你遇到挫折的时候，要勇敢起来，不要犹豫退缩，不要庸人自扰、彷徨失措，只要你付出百分之百的努力，你就一定会美梦成真。

排解坏情绪训练

乐观积极的心态和思维方式是无敌的！可以用来克服一切坏情绪。

小朋友，仔细想一想，你的烦恼来源于什么呢？其实，归根到底，是因为你总是看到事物不好的一面，所以想一想事情的另一面吧。你说地上有阴影，那是因为你总是低着头。如果你抬起头，迎着太阳走，就会把影子永远抛在身后。

来自于自我松懈时产生的坏情绪

这种情绪常常产生在大型考试之后。在千辛万苦终于达成目标后，精神松懈下来，学习步调也放慢了，做事开始变得懒散。这时候随着自律神经的松懈，激素的分泌减少，很容易产生疲劳，精力衰退，因而稍遇困难，就会觉得无法忍受。

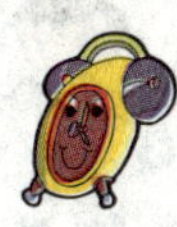

战胜它的方法：可以在达成目标之后好好奖赏自己一下，但是要限定在一定的时间范围内，之后还要全力投入学习，进行新的征程。

来自外界的打击出现的坏情绪

遇到家庭的变故、意外事件的发生、学习中的挫折等等时，尤其需要把这种烦恼告诉别人，倾诉之后心里会舒畅很多。如果还能获得一些妥当的处理意见，往往会以此为转机，摆脱一些坏情绪。要记住，一切幸运都并非没有烦恼，而一切厄运也绝非没有希望。

来自于性格因素带来的坏情绪

有的小朋友性格内向、封闭，遇到什么事情只喜欢闷在心里，产生坏情绪后没法及时把它释放出去。当情况严重时，容易导致抑郁症，对小朋友的身心以及学习、生活都不利。

其实烦恼是不可避免的，但却可以排除。关键的是你要真正明了这件烦恼到底有多大。其实很多也许只是芝麻大的小事！想一想，宇宙之大，粒子之微，时间之远，地球之变，年复一年。站在一定的高度再看一看眼前，就觉得我们的烦恼实在是微乎其微，实在没必要耿耿于怀。

开发自己独特的潜能

大家都知道我们每个人身上都有所谓的“潜能”，但是，对于自身都有什么样的潜能，往往不是很清楚，事实上，一个人的潜能常常超出很多人的想象。

在一般情况下，人的能力都只发挥了很小很小的一部分，而在受到激励的条件下才能几乎全部发挥出来。

美国的一个叫威廉的心理学家发现：一个普通人只用了其能力的10%，还有90%的潜能可以挖掘。请注意：这里所说的只是普通人，还不是“天才”！

大多数人还没有意识到，自己的能量简直就是一个处于潜伏期的活火山。

可惜呀，很多人尚未看到自己的潜能，就已经结束了一生。

亲爱的小朋友，你有没有意识到你身上的能力要比你自己

感觉的大得多呢？

马克·吐温也曾说过：人的思想是了不起的，只要专注于某一项事业，那就一定会做出令自己惊讶的成绩来！

那么，从现在开始，请承认自己是那样的了不起，并且赶紧来开发自己的潜能吧！

开发潜能的方法

1. 有开发自己潜能的渴望：小朋友，现在你已知道在你的身上，尤其是你的脑袋里，蕴藏着像活火山一样的潜能，而只要后天有意识的培养，你就可以掌握自己曾经认为是神乎其神的才能。那就不要犹豫了，接着往下做吧。

2. 寻找自己独特的才能：现在回忆一下，自己喜欢的领域是什么？自己擅长什么？自己最为得意的又是什么（因为这些方面，意外潜藏着很多先天性的才能）？

3. 按照适合自己的步调训练才能：永远没有最好的，只有适合自己的。所以无论做什么，都要分析自己的情况，只要按照自己的步调训练，就一定能够磨砺出需要的才能来。

做一个乐观积极向上的人

我们每个人看到的世界是不一样的，因为我们对这个世界的看法和我们所抱的态度千差万别。这主要是源于我们的内心世界是那样的富于变化，而且它的复杂程度远远超过世间任何其他的东西。

心灵是自我做主的地方！在心灵里，天堂可以变成地狱，地狱也可以变成天堂。面对玫瑰花，你可以认为“花下面全是刺”，也可以认为“刺上面是花”；面对半瓶酒，你可以想“哎呀，只剩下一半了”，也可以想“哈哈，不错，还有一半呢”！

……

这就是悲观者的世界与乐观者的世界的不同写照。

其实，生命就是一连串的选择！对于我们的生命，每天我们都可以有两种选择：

享受它，或是憎恨它。

这是完全属于我们自己的权利，没有人能够控制或夺去的东西。

来看看下面两条著名的定律吧，仔细想想每条定律所要表达的意思！

墨菲定律

1. 任何事情都没有表面看起来那么简单（看似容易，实质很难）。

2. 任何事情所浪费的时间都比你预期的多。

3. 会出错的事情就是会出错，而且是在最坏的时刻出错。

麦克斯韦尔定律

1. 任何事情都没有表面看起来那么困难（看似很难，实质容易）。

2. 任何事情都比你预期的更令人满意。

3. 任何事情都能办好，而且是在最佳的时刻办好。

小朋友，你的思维方式和看法更倾向于哪一条呢?

如果你倾向于墨菲定律，那么，请你赶快把它转换成麦克斯韦尔定律的状态吧。

强健的体魄和坚强的意志力

强健的体魄和坚强的意志力是培养逆商的坚实基础。不论你拥有了多么高的智商，如果没有一个好的身体，那就不可能尽情地发挥你所具备的各种潜能。

据说，和10年前比，现在的小学生只是体重有了一些增长，但不如以前的小学生体力好。不仅如此，肥胖症的患者已达到了很高的程度。为什么会产生这些现象呢？很大一部分原因是，现在的小学生锻炼身体的机会减少的缘故，而过去的孩子们喜欢和小朋友们在户外活动，在不知不觉中就进行了锻炼。

各位小读者，如果你能按照下面的要求去做，也能拥有强健的体魄。

1. 多喝水。

多喝水可以保持黏膜湿润，成为抵挡细菌的重要防线。为了确保健康，应尽可能让自己

多喝水。上学、外出时，背着水壶，或是在车上放一瓶水。而且吃饭时，也要备一杯水，让喝水成为一个好习惯。

2. 足够的睡眠。

睡眠不良会让体内负责对付病毒和肿瘤的 T 细胞数目减少，生病的概率随之增加。专家建议成长中的孩子每天需要 8 ~ 10 小时的睡眠，如果你晚上睡得不够，那么白天可以小睡片刻。

3. 多吃蔬果。

很多小朋友容易偏食，营养不均衡会造成肺和消化道黏膜变薄，抗体减少，影响人体防御功能。柑橘类水果富含维生素 C，能增加噬菌细胞的数量，强化细胞活力，建立和维护黏膜、胶原组织，以帮助伤口痊愈。

4. 坚持体育锻炼，增强机体抵抗能力。

体育锻炼不仅可以提高人的敏捷性、忍耐力和柔韧性，还非常有益于健康。滑冰、跳绳、打羽毛球等，这些运动都可以达到很好的效果。

第五章

提升耐挫力

挫折，是普遍存在的一种社会现象，任何人都不会一帆风顺，也就是说，任何人都要面对各种各样的挫折。挫折是每一个人的必修课，这是一笔巨大的财富，我们要学会抵抗挫折，成为一个在人生路上不断前行的勇者。

换一种思维的智慧

在公元前 286 年，阿纳斯塔修斯陷入了深深的苦恼之中。因为他曾遇到了一个难题：如何解开柴尔德死结。

曾有神谕说："能够解开柴尔德死结的人，就是欧洲的君主。"好几个世纪过去了，尽管有无数人都尝试着要解开这个死结，可到了最后都是无功而返。因为那个死结打得太复杂了。

"怎样解开那个死结呢？" 阿纳斯塔修斯一边仔细观察那个结扣，一边思考着，却怎么也找不出答案。

一天，阿纳斯塔修斯突然想出了一个绝招，"不是说只要能解开这个结扣就可以了吗？"

只见他抽出佩刀向那个结扣用力砍去！转眼间，那个结扣就被解开了，他终于如愿以偿地当上了欧洲的君主，成了有名的阿纳斯塔修斯大帝。

如果阿纳斯塔修斯也像别人一样陷入了固有的思维模式，那他肯定和别人一样，不能逃脱失败的结局。正是因为阿纳斯塔修斯换了一种思维，跳出了要把结扣一点点解开的旧思维模式，才轻易地解决了这个问题。

有智慧的人的共同点之一就是，他们能跳出人们习惯的思维模式进行创造性的思维。不会进行独创性思维的人，是不可能在任何一个领域里获得成功的。

又比如说，一个幽默大师，他每次表演都千篇一律，观众还能喜爱他吗？

如果你想唤醒沉睡在你体内的智慧潜能，那就抛开“不是这样就是那样”的固有观念，用只属于你的个性化的创意来解决面临的问题吧。

跌倒了，算什么

相信每一个小朋友都有跌倒的经历，其实，在每个人的一生中，每个人都有无数次的跌倒的经历，重要的是跌倒后要自己爬起来。跌倒后爬起来的体验，就是一次成功的体验，为你下一次的跌倒提供了免疫力。

你一定听过林肯的大名吧？对的，他就是美国历史上第 16 届总统。他不仅解放了黑人奴隶，还领导北方在南北战争中取得了胜利。他提出的“民有、民治、民享”的名言，一直作为民主的真谛而广泛流传。

别以为林肯所取得的成绩是因为一路上有幸运之神的眷顾，其实，林肯是在经历了无数次跌倒、失败才走上成功之路的，成为了美国总统。

让我们来数一数林肯一生的重大遭遇吧：

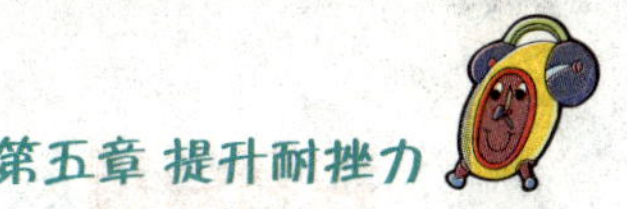

▼跟头1：1831年，第一次深深体会到事业受挫的苦涩滋味。

▼跟头2：1832年，在州议会选举中落选。

▼跟头3：1833年，再次投资新的事业仍以失败告终。

▲转机1：1834年，因为锲而不舍，当选州议会议员（成为他从政的契机）。

▼跟头4：1835年，失去爱妻后，患上了严重的神经衰弱症，十分痛苦。

▼跟头5：1838年，在下议院选举中败北。

▼跟头6：1840年，在国会候选人选举中败北。

▼跟头7：1843年，在下议院的选举中再次落选。

▲转机2：1846年，在下议院选举中获胜。

▼跟头8：1848年，再一次在下议院的选举中败北。

▼跟头9：1855年，在上议院选举中再一次败北。

▼跟头10：1856年，在上议院选举中再一次败北。

▲转机3：1860年，终于在美国第16届总统大选中获胜，当上美国总统。

从林肯一生的重大经历来看，他经历了很多挫折和失败，但他总是百折不挠、从不气馁。小朋友，当你身处跌倒的时候，一定要想一想林肯的经历，一定要鼓励自己像他那样坚定执著。胜利只属于那些百折不挠的人。

做一个活力四射的人

你以为做一个活力四射的时尚酷人，一定得是帅哥美女吗？

这可不一定，不信，你留意一下周围的人，你就明白了。

人生最大的幸福，是要找到自己感兴趣的事来做，这其中蕴藏着丰富的创造力和乐趣，这样的人也更容易获得快乐，更能保持积极的心态。

有一位小朋友，不仅对养花养草有兴趣，还喜欢参加国际夏令营，既不胆怯，又不怕语言障碍，玩得过瘾，还交到了朋友。没别的原因，只是因为他对新奇事物充满了兴致。

因此，人生最大的悲哀，就是找不到自己感兴

趣的事。这样，你也就失去了原本的活力。

人生是无尽的宝藏。每个人都应该从中挖掘自己的最爱，才不会空手而归。万不可将自己青春和活力白白浪费了，一个人最可惜的是无法充满激情地过日子。活泼的心灵是成长的动力，一个生气勃勃的人肯定会有勇气克服一切难关。

新新人类讨人喜欢的N个原则

原则1：长相要不让人讨厌。如果长得不好，就让自己有点才华；如果才华也没有，那就保持微笑。

原则2：气质很关键，如果时尚学不好，宁愿纯朴。

原则3：不必什么都用“我”做主语。

原则4：坚持在背后说别人的好话，别担心这好话传不到当事人的耳朵里。

原则5：不要把过去的事全让人知道。

原则6：尊敬不喜欢你的人。

原则7：为每一位上台表演的人鼓掌。

一定要有跑赢别人的勇气

先读一读这个哲理故事：

在辽阔的非洲大草原上，当黎明的晨光刚划破夜空，一只羚羊从梦中猛然惊醒了。

“赶快跑！”它想到，“如果慢了，就可能被狮子吃掉！”

于是，起身就跑，向着太阳飞奔而去。

就在羚羊醒来的同时，一只狮子也惊醒了。

“赶快跑！”它想到，“如果慢了，就可能被饿死！”

于是，起身就跑，也向着太阳飞奔而去。

一只是自然界兽中之王，一只是食草的羚羊，等级差异，实力悬殊，但面临着的是同一个问题：为了生存而奋斗！

这虽然是一则

有关物竞天择、适者生存的自然法则，但其中包含的智慧可以应用在人生的方方面面。

想一想，刚出生的时候，每个人都是一样的，长大后，随着环境的变化，有的会变成狮子，有的会变成羚羊。然而，在这个世界上，每个人所面对的竞争和求生的挑战都是一样的。正如狮子和羚羊，不管你是什么，你都要面对生活的挑战。如果你是狮子，你得为猎取食物而奔跑；如果你是羚羊，你得为躲避狮子的进攻而奔跑。

同样，生活在这个社会上，每个人都扮演着不同的角色。但是，不管你以何种身份出现在这个世界上，你都要不断地谋求进步和发展自己，不断地超越对手，并保持优势。总之，想要很好地生活，就得比别人跑得快。

小朋友，记住这个故事，记住这个秘诀：你一定要有跑赢别人的智慧和勇气，从而不断地锻炼跑赢别人的能力。不管你现在成绩是好还是差，也不管你将来的理想是当科学家还是做企业管理者，从现在开始，每天睁开眼睛第一件事就是要提醒自己：我要加油！努力向前！否则，我就会饿死或者被吃掉。

自我调控

有一人去一家大公司应聘。面试出来，满面春风，他自认为把握很大，胜券在握。

不料天有不测风云，结果公布的时候他没有被应聘上。他悲痛万分，羞愧不已，心存轻生的念头，幸好被人及时送到医院才挽救了生命。后来，公司在检查录取工作时发现，本来应该是他位居榜首的却未被录取。消息传来该青年非常高兴。

几天后，公司派人来道歉，更重要的却是告诉他已被取消了录取资格。理由是：一个小小的挫折都经受不起的人，是不可能在你争我夺的商界为公司创造财富的！

在现实生活中，有很多类似的心理极度脆弱的人。他们受不了一点点委屈，经常会头晕、耳鸣，甚至出现自杀的念头。所以，要尽快克服这种有害情绪，免得自己越陷越深，以至超过自己的心理承受能力，酿成悲剧。

下面几种方法，也许可以提高你对逆境的承受能力。

方法一：找个朋友来倾诉

找个你所信任的、谈得来的知己，把你在逆境中的烦恼悲伤尽情地讲给他听，不让内心存在任何消极、不利的情感和情绪。这种方法其实就是传统心理治疗法里讲的情感宣泄法。把你心中的郁闷、烦恼早早发泄出来，便可以避免因为消极情绪的刺激，而引起大脑皮层的高级神经活动过程中的兴奋与抑制功能失调。

方法二：自我安慰法

人除了需要别人的安慰之外，自己安慰有时也很重要。当自己陷入了一个困境时，适当地找些说得过去的理由加以宽慰，往往能化解心中的烦恼。不要总是垂头丧气，对自己说说宽慰的话，就能帮助自己走出低谷。

方法三：鼓舞斗志法

当机会从自己手中溜走时，不免有惋惜之情，自责、失落、追悔、消沉等不良情绪便会乘虚而入，搅得你心烦意乱。当机会失去让你悲叹时，你就要尽量缩小因这次挫折带给你的负面效应，从失落的低谷中走出来。昨天的机会一去不复返，重要的是去迎接新的希望。

坦言与善待

沈从文是我国著名的散文大家，深受很多读者的喜爱。在 1928 年，他被当时任中国公学校长的胡适聘为该校讲师。

当时的沈从文是 26 岁，学历却只有小学文化，当他带着一身泥土气，闯入了十里洋场的上海后，时间不长，即以一手灵气飘逸的散文而震惊文坛，赢得很大名气。

但是，名气不是胆气，在他第一次走上讲台的时候，除原班学生外，慕名而来听课的人很多。面对台下满堂坐着的渴盼知识的莘莘学子，这位大作家竟整整待了 10 分钟一句话也说不出来。后来他开始讲课了，而原先准备好的要讲授一个课时的内容，被他三下五除二地 10 分钟就讲完了，离下课时间还早着呢！

这个老师竟然这样坦率！

但他没有天南海北地瞎扯来硬撑“面子”，而是老老实实拿起了粉笔在黑板上写道：“今天是我第一次上课，人很多，我害怕了。”

于是，这样老实的、可爱的、坦率的沈从文，引起全场爆发出一阵鼓舞的掌声……

胡适知道后，对沈从文的坦率颇为感动，他认为这次讲课是成功的。

人这一生难免会遇到失败，大到伟人、名人都留下过许多失败的遗迹，更别说我们这些小人物了。从这一角度而言，失败并不可怕，最可怕的是自己不能够对失败有坦率的态度。

坦率地面对失败的前提是，需要有光明磊落的胸襟和正视自我的勇气。善待失败应是对自己失败的原因有所了解和发现，从而才有可靠的举措，成竹在胸，这样就不会重蹈覆辙。

只有这样的既敢“坦言”又能“善待”的“失败”，才会成为“成功之母”。

沈从文从第一次上课的失败能坦言以待，找到失败的症结，以后不声不响地做自己的工作，讲课终于能挥洒自如了。以后辗转任教各大学，一直备受学生的推崇，这也就为他日后在文学上的辉煌成就找到了“成功之母”。

所以，小朋友要记住：面对挫折、失败，一定要有一种良好的心理状态，吸取教训，以利再干。坦言失败，永不退却，这才是成功的关键。

丰富生活，转移注意力

逆境，有时就像一片乌云，笼罩在一些经历挫折的人头上。如果你的注意力过于集中在这片“乌云”上，就可能产生不健康的心理定势，甚至神经质的现象。如何在逆境中取得胜利，下面的这篇文章将告诉你一些行之有效的方法，你要仔细看看，并在你的实际生活中尝试一下，相信对你会有所帮助。

做人是件不容易的事，尤其是做个有品德、有才华、有学识的人，更是件很辛苦的事。因此，一定要正确对待前进中的困难和挫折，既要在思想和能力上重视，更要在心理上藐视，决不能被它所吓倒。成功来自你对所选择的道路由衷的热爱，并肯为它付出一切心力。不过，适时地转移一下自己的注意力，也是一种走向成功的迂回路线。

秘诀 1：遗忘处理转移法

生活是不断变化的，人总是在“遗忘——记忆——遗忘”这样一种循环往复中生活的。然而，生活中又确实需要“遗忘”的。当你深陷逆境时，不要为自己的思想留有大块时间，应该让自己忙碌起来，使自己忙碌中遗忘掉痛苦的事。这样，你就会信心倍增，干劲十足，慢慢地快乐起来。

秘诀 2：积极交往沟通法

逆境中的人常有自卑感，他们害怕与人交往，这往往会使自己的处境更加糟糕。因为，人是社会的人，希望得到关心和注意是人类行为的基本动机之一。关心别人，帮助别人满足需要，这样你在他人生活中的重要性就增加了。自然别人也就会来关心你，帮助你，这不仅利于你沟通感情，促进心理健康，还有利于你自己走出逆境。

秘诀 3：娱乐法

当你身处逆境又陷入深深自我烦恼之中时，不妨通过娱乐来改变一下，从而使自己从逆境中走出来。

原来可以承受

相信所有的小朋友都经历过一些不愉快：不慎失手打碎了妈妈喜爱的一只花瓶，考试没有及格，和好朋友闹了矛盾……这些类似的事情。在当时你的眼里也许都是一件件糟糕透顶的事。但是，到了过去许久的今天，你是不是发现这些事情根本不算什么，原来自己可以承受。

小说家波克拉曾经认为除了双目失明外，她可以忍受生活上的任何打

击。结果，在她50岁的时候，她双目失明了，她依然坚强地活着，后来她曾在自己的一本传记里写道："原来失明也可以忍受。人能承受一切不幸，即使所有感官都丧失知觉，我也能在心灵中继续活着。"

著名的话剧演员波特莱尔也是一个这样达观的女性，她在四大洲各地的戏剧舞台上演出了50多年。当她71岁住在巴黎时，突然发现自己破产了。更糟糕的是，她在乘船横渡大西洋时，不小心摔了一跤，腿部伤势严重，引起了静脉炎。医生认为必须把腿部切除，但又不敢把这个决定告诉她，怕她忍受不了这个打击。可是他错了，波特莱尔注视着这位医生，平静地说："既然没有别的办法，就这么办吧。"

手术那天，波特莱尔在轮椅上高声朗诵戏剧里的一段台词，有人问她是否在安慰自己，她回答："不，我是在安慰医生和护士，他们太辛苦了。"

后来波特莱尔继续在世界各地演出，又重新在舞台上工作了7年。

看来，人在身处逆境时，适应环境的能力真是惊人。人可以忍受不幸，也可以战胜不幸，因为人有着惊人的潜力，只要立志发挥它，就一定能渡过难关。

我得精神点，要不然
我的地盘就被那厮霸占了！

第六章

提升合作力

据研究显示，很多人在身处逆境的时候，都会有孤独、无助的感觉。如果这种负面的情感不能很好地宣泄，将不利于自身突破逆境。但拥有良好合作力的人，则较容易摆脱这种情绪低潮。因此，提升合作力，是我们走出逆境的一个有效秘诀。

学会控制自己的情绪

在美军的历史上，艾森豪威尔绝对是一个充满戏剧性的传奇人物。他曾获得很多个第一：

第一快：在美军历史上，共授予10名五星上将，艾森豪威尔是晋升得“第一快”。

第一穷：艾森豪威尔小时候出生在一个非常贫穷的家庭里。

第一任：他是第一个担任北大西洋公约组织盟军最高统帅。

第一人：他是美军退役高级将领担任哥伦比亚大学校长的第一人。

第一大：他的前途是第一大——唯一一个当上总统的五星上将。

小朋友，你知道成就这个戏剧性人物的关键因素吗？原来奥秘来源于一次刻骨铭心的经历。

在艾森豪威尔10岁时，他的父母让他的两个哥哥在圣诞节前出远门，却坚决不同意他去。

艾森豪威尔感到十分愤怒，难以控制自己的情绪，他冲到屋外，握紧拳头在苹果树上猛击。他一面哭，一面打，双拳血肉模糊都没有感觉。

最后艾森豪威尔被父亲拖到屋中，但是，并没有呵斥他。

这时母亲过来给他涂上止痛药，并给他扎上绷带，但是母亲却没有安慰他。又愤恨又恼怒的艾森豪威尔又倒在床上大哭了一个小时。直到他平静后，母亲才进来对他说："能控制自己情绪的人要比拿下一座城市更伟大。发怒是自我毁伤，是毫无用处的，需要好好克服。发怒会让你的心胸变得更加狭窄。"

母亲的告诫深深印在了艾森豪威尔的心中。在76岁时，艾森豪威尔写道："我一直回想起那次谈话，把它当做我人生中最珍贵的教训之一。"

现在你应该知道，自制是一个人内在的力量，也是衡量一个人是否强大的准则。一个能控制自己的人，才能严于律己，宽以待人，才能成就大事。

当一个人遇到不如意的事情或遭遇突发事件时，比如考试没有考好、和小朋友闹了别扭等，往往会表现出情绪不稳定，或者大喜大悲，或者做事不考虑后果，容易冲动发怒。但是如果从小就有意识地训练自己，知道应该怎样去正确释放自己的情绪，才能真正地让自己心胸变得宽广起来。

理解“我们”这个词的含义

当你长大成人后，一定会走上自己的工作岗位。不论你从事什么样的工作，都要和其他人组成一个团队，一起去完成一项工作。所以说，“我们”就是这个团队的名字。

以团队的形式合作完成工作具有很多优势：

优势1：可以轻松地解决比较困难的问题。

优势2：成员之间可以互相帮助和鼓励。

优势3：可以体味一起战胜困难的喜悦。

不过，这是你们和谐相处的情形，如果处理不好，那就会影响你的成绩，严重时，没准会让你之前的努力功亏一篑。

如果我们想要获得成功，就必须处理好这种团队的关系。但是在小学阶段，我们怎样培养这种社会性呢？答案很简单，就是要和小朋友和谐相处。不过，和朋友们友好地和睦相处并不是一件很容易的事，因为每个人都存在性格上的差异，想法也不会相同。

尤其是需要和同学竞争的情况时有发生，你该怎么做呢？

温情提示：不论何时都要记住“我们”这两个字，“我们”就是团队的名字，不论是谁都不可能在这个世界上独立生存。

和谐性能测试

1. 能和朋友们友好相处。 （yes / no）

2. 能很好地遵守朋友之间的约定。 （yes / no）

3. 能很容易地与陌生小朋友打成一片。 （yes / no）

4. 即使在很多人面前也可以表现自如，不紧张。 （yes / no）

5. 在任何人面前都可以把自己的想法表述清楚。 （yes / no）

6. 一般来说，你属于很开朗的性格。 （yes / no）

7. 在学校里，担任过班干部。 （yes / no）

如果你在上面的 7 项测试当中，至少有 5 项选择了 yes，那么，恭喜你，说明你的和谐性非常好。

如果不是这样，那你就要花些精力来培养这方面的能力了。

试着“走出去”

小朋友有没有观察过笼子里养大的鸟和在天空中飞的鸟之间的区别？天空中飞的鸟多了一些锐气，而在笼子里养大的鸟已经习惯了笼子里的生活，即使打开笼门都不愿飞走了。请你想一想，你现在是不是正在父母为你编织的鸟笼里享受着安乐的生活不愿“走出去”呢？

总是不愿“走出去”的后果就是长大后缺乏合作力，因为良好的合作力可不是在某个早晨醒来后突然形成的，培养良好的合作力，需要从小积累各种不同的经验。

你可能很熟悉“井底之蛙”的含义，它是用来比喻那些生活在一个非常狭窄的空间间、对外界事物知之甚少的人。人在幼年时期知识都是非常有限，随着年龄的增长和各种学习经验的积累，不论是谁都要从“井底走出来”。

"走出去"的方法

1. 为父母做些力所能及的事情

别以为做个好孩子光是学习就行了，从小就养成为父母分担家务的习惯也是很重要的，它不但不会影响学习，还可以锻炼自己的能力。比如，帮忙倒垃圾、跑腿买东西、给街坊邻居捎个话等等。你可不要小瞧这些事情，在不断做事的过程中，你会慢慢明白如何根据环境或者事情的变化采取相应的对策，还可以提高你的适应能力和合作能力。

2. 经常出去旅行

你可以在周末同小朋友们去爬山。在这个过程中你可以学会判断事情的轻重缓急以及应对紧急情况的方法。即使再累，也不要退缩，你必须坚持到底，因为这是培养你耐心、增强你耐力的好机会。另外在登山路上和小朋友们聊天、合作，还可以学会与人和睦相处的智慧。

保持朋友之间的友好往来

随着小朋友们的交往日渐频繁，小朋友之间互相去家里做客也成了友好往来的一种重要方式。有机会把小朋友请到家里来做客，或者常去小朋友的家里坐坐，可以培养你的和睦相处的能力。

从某种角度来讲，这种处理人际关系的能力比单纯从书本上学习更为重要。良好的人际关系是一个人获得成功的关键。

请小朋友来家里做客时：

1. 首先要把屋内收拾干净整齐。

2. 如果需要换鞋，就准备好足够的拖鞋，放在门口。

3. 准备好和来访人数一样多的杯子。

4. 当门铃响后，要赶快开门，并热情地欢迎客人。

5. 将客人引领到坐位上。把准备好的杯子拿出，往杯子里倒客人喜欢喝的饮料。请客人先歇一会，来缓解路上的疲劳。

6. 当客人休息片刻后，再去做你们约好的事情。

小朋友，记得下次有朋友来做客的时候，这些事情不要再让妈妈来做了，一定要自己来亲自做好这些事情。另外，你还要尽量表现得很细心，例如，为了让你的朋友坐得舒服一些，你可以为他们准备一些坐垫；为了不让你的朋友感到无聊，你可以和他们一起做些有趣的事情。

在做这些事情的过程中，你可以学到为别人着想的做人之道以及待人接物的礼节。

自己到朋友家里做客时：

1. 去朋友家里做客时，首先要做到守时，并穿戴整齐得体，这是对主人最基本的尊重。

2. 在朋友家里，不要大呼小叫，不要随意翻动主人的东西，也不要随便在各个屋子里胡乱走动。

3. 对主人的热情款待要表示感谢。做客结束时，要向主人道别，切记不要在主人家长时间逗留。

去朋友家里做客，可以让你体验到陌生的、不太熟悉的环境，还可以学会在这种情形下应该采取的做法。还可以通过朋友以及他的父母对你的态度和做法，学习怎样待客。辨别哪些做法比较合适，哪些做法会让人感到不舒服。

做个奉献爱心的赢家

奉献爱心时都奉献些什么呢？

你是不是想得很复杂：奉献爱心需要很多很多的钱，然后去帮助一些需要帮助的人。其实，做这种了不起的大事固然是奉献爱心的一种方式，但是，做一些力所能及的小事，也是奉献爱心的一种方式。

在美国，几乎所有的小学生都要参加“每月一个奉献”的活动，为有困难的邻居奉献爱心。

英国在 16 世纪就颁布了《慈善活动法》，鼓励青少年从小就参加爱心奉献活动，小朋友只要愿意，随时都可以参加这种活动。

那我们中国的小朋友可以做些什么呢？

你家里有没有小弟弟或小妹妹？你的邻居中有没有比你小的小朋友？你觉得给他们讲讲故事怎么样？从你读过的书中挑出你最喜欢的、念给比你小的孩子吧。不要小瞧这种体验哦，因为这种当“小老师”的经历，可以培养你的责任感、自信心、忍耐力和独立性。

当然，你还可以为街坊邻居打扫胡同、楼道，或者捡起地上的垃圾等。多留意你的周围，你会找到很多可以做的事情。

爱心秘诀

参加爱心奉献活动时，最重要的是有一种发自内心的真诚。如果你不只是做做样子，确实是真心实意地为别人提供帮助，你会有更多美好的感受。在参加爱心奉献活动中积累下来的经验，还会使你在日后处理人际关系时受益匪浅。渐渐地，你就会发现自己是个特别受欢迎的孩子。

爱心礼券

做一些爱心礼券，用这种方法，可以把你的爱心用一种有趣的方式送给你的朋友、父母或者邻居哦。

1. 在“爱心礼券”上标注不同的内容，比如“讲故事爱心礼券”、“打扫卫生爱心礼券”等，把你想到的能帮助别人做的事分成几类。

2. 把一个月的“爱心礼券”总量控制在5张左右比较合适。

3. 在“爱心礼券”上标上使用的有效期限以及“过期作废”的字样，并标明一周不能使用两张以上“爱心礼券”的附加条件。

做一个谦虚的人

我国著名画家齐白石老先生就是一个非常谦逊的人，在20世纪20年代，他的绘画技艺已经达到炉火纯青的地步，但是在艺术不断要求进步的他，对于别人的意见总是非常重视。

陈师曾在当时也是一位才华横溢的大画家。一天傍晚，他登门拜访齐白石，齐先生非常高兴地拿出自己平时所做的比较满意的作品，请陈师曾指正。陈师曾看后，对齐老的画大加赞赏，但是随后又说："你若能在此基础上另辟蹊径，变更画法，形成自己的风格，那就会更加完美了。"齐先生听后感动得连连点头，感谢陈师曾的肺腑之言，表示过去画画都是效仿前人，现在决定大变，即使卖不出一张，也决不后悔。

果然，自此以后，齐白石先生苦心琢磨，以求创新。到1929年，年过花甲的齐白石老先生，经过十年艰苦探索，终于走出了一条突破自己、超越前人的艺术新路。

通过上面的故事，我们可以看出，要想取得成功，就要学会与他人沟通。要知道每个人都有他独特的一面，只有相互交流才能达到取长补短的效果。

小朋友，我猜你一定也做过一些了不起的事情。比如，在学校拿了什么大奖，这时候，请不要说“哇，我就是个天才嘛”，而要谦虚地说“不过是运气好而已”，这样你的朋友肯定会为你开心的。因为和目中无人相比，大家更喜欢与谦逊的人交往。

唤醒老虎的豹子

在秘鲁的国家森林公园，生活着一只世界上濒临灭绝的美洲虎。

秘鲁人为了保护这只虎，精心为它设计和建造了豪华的虎房，好让它自由自在地生活。这只美洲虎生活在这里简直犹如天堂一般：林木茂密，绿草芳菲，沟壑纵横，流水潺潺，并有成群人工饲养的牛、鹿、兔等，供这只老虎尽情享用。

大家不约而同地认为，如此美妙的环境，这只美洲虎一定会越发地雄姿勃发的。然而，出人意料的事发生了，这只美洲虎只是天天耷拉着脑袋，睡了吃，吃了睡，一副无精打采的“样子”。于是，政府又通过外交途径，从哥伦比亚租来一只母虎与它做伴，结果这只美洲虎还是依然如故。

一天，一位动物学家来公园参观，看到美洲虎那副懒洋洋的样子，便对管理员说，老虎是森林之王，在它所生活的环境中，不能只放上一群整天只知道吃草、却不懂得猎杀的动物，要放一些猎性动物与它共存，否则美洲虎是无论如何也提不起精神来的。管理员听了动物学家的话，不久便引进了几只美洲豹投放虎园。这一招果然奏效，自从美洲豹进园那天起，这只美洲虎再也躺不住了。它每天不是站在高高的山顶愤怒地咆哮，就是如飓风般俯冲下山冈，老虎那刚烈威猛、霸气十足的本性被重新唤醒。它又成了一只真正的老虎，成了这片广阔的虎园里真正意义上的森林之王。

原因何在呢？很简单，因为一种动物如果没有了对手，就会变得死气沉沉。同理，一个人如果没有了对手，就会甘于平庸，养成惰性，最终导致庸碌无为。

有了对手，才会有危机感，才会有竞争力；有了对手，才知道自己所面临的挑战和压力；有了对手，才有了超越自我的一切力量和勇气。

小朋友们，想要自己更加强大，就要为自己找一个有力的对手激励自己哦！

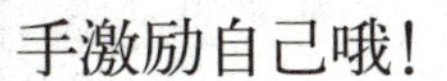

和不同性格的人融洽相处

一个想做领导的人，必须会协调各种关系，让你底下的成员发挥出最大的优势。小朋友，你有没有当班干部的经历？

你有没有看过《十五少年漂流记》呢？书中写到，船触礁后，大家非常惊慌，不知怎么办才好。就在这个紧要的关头，一个叫伯里安的少年发挥了他优秀的领导才能，带着孩子们安全地登上了无人岛。

在这十五个孩子中，既有一二年级的小孩子，也有五六年级的大孩子，伯里安是怎么领导这些年龄不同和性格不同的孩子们呢？

他不是用“好啦，你们都要听我的指挥”的僵硬方式做到这一点的。而是运用了自己的智慧，与其他的孩子们一起相互配合，才在无人岛上运用智慧化解了各种危险。

你知道怎样才能像伯里安那样与各种不同性格的孩子们友好相处吗？

人际关系智能训练

1. 不要把同伴局限在与你的年龄相仿的范围，尽量扩大同伴的年龄范围，学会与各种年龄的朋友相处。

2. 交朋友不要局限于同伴的性别。

3. 尽量多参加一些课外活动，多创造一些能和大家一起活动的机会。

4. 多结交一些与自己有相同爱好的孩子。

与人交谈的技巧

1. 谈话的内容不仅自己感兴趣，更重要的是使对方感兴趣。

2. 认真地倾听对方说话。

3. 当对方说到他人的隐私时，要拒绝参与讨论。

4. 不要一直说“我怎么样”，可以多问几次“你觉得呢？”“你想呢？”

5. 不要用毫不相关的问题打断别人的谈话。

6. 讨论问题时，不可以愤怒地争执，更不可以互相指责攻击。

7. 不要侵犯别人的隐私，不要在背后谈论别人的伤心事或坏行为。

8. 与老人说话时，最好走到身边。

9. 不要一直重复同样的话，更不要添油加醋、故弄玄虚。

小朋友们要记住：和别人交谈的时候，要谈双方都感兴趣的事物，否则，只谈你想说的事物，对方就会感到厌烦，不想再与你谈下去。当有不同的意见时，要委婉地提出来，不要大声争吵，甚至指责攻击。

要学会表达感恩。包括你的父母为你提供的一切，千万不能认为父母为你做的一切都是理所应当，也不要觉得和父母表达谢意很难为情。因为我们简短的一句话，可能会让父母高兴上一整天，那我们何乐而不为呢？

当你的感情得到释放，你的性格也在潜移默化地受着影响，你会变得更加乐观和懂得感恩。这样的孩子没有理由不受欢迎。